THIS BOOK BELONGS TO:

_____

_____

_____

PUBLISHED BY ATLANTIC JOURNALS, 11923 NE SUMNER ST, STE 769907
PORTLAND, OREGON, 97220, USA

See Our Full Range At

ATLANTICJOURNALS.COM

OBSERVER(S) : _____

DATE : _____

TIME : _____

LONGITUDE : _____

LATITUDE : _____

LOCATION : _____

LUNAR PHASE : _____

SKY CONDITIONS : _____

SEEING : _____

TRANSPARENCY : _____

OBJECT : _____

TYPE : _____

CONSTELLATION : _____

MAGNITUDE : _____

TELESCOPE : _____

MAGNIFICATION : _____

FILTER : _____

EP : _____

APERTURE : _____

FOV : _____

NOTES : _____

_____

_____

_____

_____

_____

FINDER

OBSERVER(S) : _____   LOCATION : _____

DATE : _____   LUNAR PHASE : _____

TIME : _____   SKY CONDITIONS : _____

LONGITUDE : _____   SEEING : _____

LATITUDE : _____   TRANSPARENCY : _____

OBJECT : _____

TYPE : _____

CONSTELLATION : _____

FINDER

MAGNITUDE : _____

TELESCOPE : _____

MAGNIFICATION : _____

FILTER : _____

EP : _____

APERTURE : _____

FOV : _____

NOTES : _____

_____

_____

_____

_____

_____

OBSERVER(S) : _____

DATE : _____

TIME : _____

LONGITUDE : _____

LATITUDE : _____

LOCATION : _____

LUNAR PHASE : _____

SKY CONDITIONS : _____

SEEING : _____

TRANSPARENCY : _____

OBJECT : _____

TYPE : _____

CONSTELLATION : _____

MAGNITUDE : _____

TELESCOPE : _____

MAGNIFICATION : _____

FILTER : _____

EP : _____

APERTURE : _____

FOV : _____

NOTES : _____

_____

_____

_____

_____

_____

FINDER

OBSERVER(S) : _____

DATE : _____

TIME : _____

LONGITUDE : _____

LATITUDE : _____

LOCATION : _____

LUNAR PHASE : _____

SKY CONDITIONS : _____

SEEING : _____

TRANSPARENCY : _____

OBJECT : _____

TYPE : _____

CONSTELLATION : _____

MAGNITUDE : _____

TELESCOPE : _____

MAGNIFICATION : _____

FILTER : _____

EP : _____

APERTURE : _____

FOV : _____

NOTES : _____

_____

_____

_____

_____

FINDER

OBSERVER(S) : _____

DATE : _____

TIME : _____

LONGITUDE : _____

LATITUDE : _____

LOCATION : _____

LUNAR PHASE : _____

SKY CONDITIONS : _____

SEEING : _____

TRANSPARENCY : _____

OBJECT : _____

TYPE : _____

CONSTELLATION : _____

MAGNITUDE : _____

TELESCOPE : _____

MAGNIFICATION : _____

FILTER : _____

EP : _____

APERTURE : _____

FOV : _____

NOTES : _____

_____

_____

_____

_____

_____

FINDER

OBSERVER(S) : _____

DATE : _____

TIME : _____

LONGITUDE : _____

LATITUDE : _____

LOCATION : _____

LUNAR PHASE : _____

SKY CONDITIONS : _____

SEEING : _____

TRANSPARENCY : _____

OBJECT : _____

TYPE : _____

CONSTELLATION : _____

MAGNITUDE : _____

TELESCOPE : _____

MAGNIFICATION : _____

FILTER : _____

EP : _____

APERTURE : _____

FOV : _____

NOTES : _____

_____

_____

_____

_____

_____

FINDER

OBSERVER(S) : _____

DATE : _____

TIME : _____

LONGITUDE : _____

LATITUDE : _____

LOCATION : _____

LUNAR PHASE : _____

SKY CONDITIONS : _____

SEEING : _____

TRANSPARENCY : _____

OBJECT : _____

TYPE : _____

CONSTELLATION : _____

MAGNITUDE : _____

TELESCOPE : _____

MAGNIFICATION : _____

FILTER : _____

EP : _____

APERTURE : _____

FOV : _____

NOTES : _____

_____

_____

_____

_____

_____

FINDER

OBSERVER(S) : _____

DATE : _____

TIME : _____

LONGITUDE : _____

LATITUDE : _____

LOCATION : _____

LUNAR PHASE : _____

SKY CONDITIONS : _____

SEEING : _____

TRANSPARENCY : _____

OBJECT : _____

TYPE : _____

CONSTELLATION : _____

MAGNITUDE : _____

TELESCOPE : _____

MAGNIFICATION : _____

FILTER : _____

EP : _____

APERTURE : _____

FOV : _____

NOTES : _____

_____

_____

_____

_____

_____

FINDER

OBSERVER(S) : _____

DATE : _____

TIME : _____

LONGITUDE : _____

LATITUDE : _____

LOCATION : _____

LUNAR PHASE : _____

SKY CONDITIONS : _____

SEEING : _____

TRANSPARENCY : _____

OBJECT : _____

TYPE : _____

CONSTELLATION : _____

MAGNITUDE : _____

TELESCOPE : _____

MAGNIFICATION : _____

FILTER : _____

EP : _____

APERTURE : _____

FOV : _____

NOTES : _____

_____

_____

_____

_____

_____

FINDER

OBSERVER(S) : _____

DATE : _____

TIME : _____

LONGITUDE : _____

LATITUDE : _____

LOCATION : _____

LUNAR PHASE : _____

SKY CONDITIONS : _____

SEEING : _____

TRANSPARENCY : _____

OBJECT : _____

TYPE : _____

CONSTELLATION : _____

MAGNITUDE : _____

TELESCOPE : _____

MAGNIFICATION : _____

FILTER : _____

EP : _____

APERTURE : _____

FOV : _____

NOTES : _____

_____

_____

_____

_____

_____

FINDER

OBSERVER(S) : _____

DATE : _____

TIME : _____

LONGITUDE : _____

LATITUDE : _____

LOCATION : _____

LUNAR PHASE : _____

SKY CONDITIONS : _____

SEEING : _____

TRANSPARENCY : _____

OBJECT : _____

TYPE : _____

CONSTELLATION : _____

MAGNITUDE : _____

TELESCOPE : _____

MAGNIFICATION : _____

FILTER : _____

EP : _____

APERTURE : _____

FOV : _____

NOTES : _____

_____

_____

_____

_____

FINDER

OBSERVER(S) : _____

DATE : _____

TIME : _____

LONGITUDE : _____

LATITUDE : _____

LOCATION : _____

LUNAR PHASE : _____

SKY CONDITIONS : _____

SEEING : _____

TRANSPARENCY : _____

OBJECT : _____

TYPE : _____

CONSTELLATION : _____

MAGNITUDE : _____

TELESCOPE : _____

MAGNIFICATION : _____

FILTER : _____

EP : _____

APERTURE : _____

FOV : _____

NOTES : _____

_____

_____

_____

_____

_____

OBSERVER(S) : _____

DATE : _____

TIME : _____

LONGITUDE : _____

LATITUDE : _____

LOCATION : _____

LUNAR PHASE : _____

SKY CONDITIONS : _____

SEEING : _____

TRANSPARENCY : _____

OBJECT : _____

TYPE : _____

CONSTELLATION : _____

MAGNITUDE : _____

TELESCOPE : _____

MAGNIFICATION : _____

FILTER : _____

EP : _____

APERTURE : _____

FOV : _____

NOTES : _____

_____

_____

FINDER

_____

_____

_____

OBSERVER(S) : _____   LOCATION : _____

DATE : _____   LUNAR PHASE : _____

TIME : _____   SKY CONDITIONS : _____

LONGITUDE : _____   SEEING : _____

LATITUDE : _____   TRANSPARENCY : _____

OBJECT : _____

TYPE : _____

CONSTELLATION : _____

MAGNITUDE : _____

TELESCOPE : _____

MAGNIFICATION : _____

FILTER : _____

EP : _____

APERTURE : _____

FOV : _____

NOTES : _____

_____

_____

_____

_____

_____

OBSERVER(S) : _____

DATE : _____

TIME : _____

LONGITUDE : _____

LATITUDE : _____

LOCATION : _____

LUNAR PHASE : _____

SKY CONDITIONS : _____

SEEING : _____

TRANSPARENCY : _____

OBJECT : _____

TYPE : _____

CONSTELLATION : _____

MAGNITUDE : _____

TELESCOPE : _____

MAGNIFICATION : _____

FILTER : _____

EP : _____

APERTURE : _____

FOV : _____

NOTES : _____

_____

_____

_____

_____

FINDER

OBSERVER(S) : _____ LOCATION : _____

DATE : _____ LUNAR PHASE : _____

TIME : _____ SKY CONDITIONS : _____

LONGITUDE : _____ SEEING : _____

LATITUDE : _____ TRANSPARENCY : _____

OBJECT : _____

TYPE : _____

CONSTELLATION : _____

MAGNITUDE : _____

TELESCOPE : _____

MAGNIFICATION : _____

FILTER : _____

EP : _____

APERTURE : _____

FOV : _____

NOTES : _____

_____

_____

_____

_____

_____

OBSERVER(S) : _____   LOCATION : _____

DATE : _____   LUNAR PHASE : _____

TIME : _____   SKY CONDITIONS : _____

LONGITUDE : _____   SEEING : _____

LATITUDE : _____   TRANSPARENCY : _____

OBJECT : _____   FINDER

TYPE : _____

CONSTELLATION : _____

MAGNITUDE : _____

TELESCOPE : _____

MAGNIFICATION : _____

FILTER : _____

EP : _____

APERTURE : _____

FOV : _____

NOTES : _____

_____

_____

_____

_____

_____

OBSERVER(S) : _____ LOCATION : _____

DATE : _____ LUNAR PHASE : _____

TIME : _____ SKY CONDITIONS : _____

LONGITUDE : _____ SEEING : _____

LATITUDE : _____ TRANSPARENCY : _____

OBJECT : _____

TYPE : _____

CONSTELLATION : _____

MAGNITUDE : _____

TELESCOPE : _____

MAGNIFICATION : _____

FILTER : _____

EP : _____

APERTURE : _____

FOV : _____

NOTES : _____

_____

_____

_____

_____

_____

OBSERVER(S) : _____   LOCATION : _____

DATE : _____   LUNAR PHASE : _____

TIME : _____   SKY CONDITIONS : _____

LONGITUDE : _____   SEEING : _____

LATITUDE : _____   TRANSPARENCY : _____

OBJECT : _____

TYPE : _____

CONSTELLATION : _____

MAGNITUDE : _____

TELESCOPE : _____

MAGNIFICATION : _____

FILTER : _____

EP : _____

APERTURE : _____

FOV : _____

NOTES : _____

_____

_____

_____

_____

_____

FINDER

OBSERVER(S) : _____

DATE : _____

TIME : _____

LONGITUDE : _____

LATITUDE : _____

LOCATION : _____

LUNAR PHASE : _____

SKY CONDITIONS : _____

SEEING : _____

TRANSPARENCY : _____

OBJECT : _____

TYPE : _____

CONSTELLATION : _____

MAGNITUDE : _____

TELESCOPE : _____

MAGNIFICATION : _____

FILTER : _____

EP : _____

APERTURE : _____

FOV : _____

NOTES : _____

_____

_____

_____

_____

_____

OBSERVER(S) : _____

DATE : _____

TIME : _____

LONGITUDE : _____

LATITUDE : _____

LOCATION : _____

LUNAR PHASE : _____

SKY CONDITIONS : _____

SEEING : _____

TRANSPARENCY : _____

OBJECT : _____

TYPE : _____

CONSTELLATION : _____

MAGNITUDE : _____

TELESCOPE : _____

MAGNIFICATION : _____

FILTER : _____

EP : _____

APERTURE : _____

FOV : _____

NOTES : _____

_____

_____

_____

_____

_____

FINDER

OBSERVER(S) : _____

DATE : _____

TIME : _____

LONGITUDE : _____

LATITUDE : _____

LOCATION : _____

LUNAR PHASE : _____

SKY CONDITIONS : _____

SEEING : _____

TRANSPARENCY : _____

OBJECT : _____

TYPE : _____

CONSTELLATION : _____

MAGNITUDE : _____

TELESCOPE : _____

MAGNIFICATION : _____

FILTER : _____

EP : _____

APERTURE : _____

FOV : _____

NOTES : _____

_____

_____

_____

_____

_____

OBSERVER(S) : _____

DATE : _____

TIME : _____

LONGITUDE : _____

LATITUDE : _____

LOCATION : _____

LUNAR PHASE : _____

SKY CONDITIONS : _____

SEEING : _____

TRANSPARENCY : _____

OBJECT : _____

TYPE : _____

CONSTELLATION : _____

MAGNITUDE : _____

TELESCOPE : _____

MAGNIFICATION : _____

FILTER : _____

EP : _____

APERTURE : _____

FOV : _____

NOTES : _____

_____

_____

_____

_____

_____

FINDER

OBSERVER(S) : _____

DATE : _____

TIME : _____

LONGITUDE : _____

LATITUDE : _____

LOCATION : _____

LUNAR PHASE : _____

SKY CONDITIONS : _____

SEEING : _____

TRANSPARENCY : _____

OBJECT : _____

TYPE : _____

CONSTELLATION : _____

MAGNITUDE : _____

TELESCOPE : _____

MAGNIFICATION : _____

FILTER : _____

EP : _____

APERTURE : _____

FOV : _____

NOTES : _____

_____

_____

_____

_____

_____

OBSERVER(S) : _____

DATE : _____

TIME : _____

LONGITUDE : _____

LATITUDE : _____

LOCATION : _____

LUNAR PHASE : _____

SKY CONDITIONS : _____

SEEING : _____

TRANSPARENCY : _____

OBJECT : _____

TYPE : _____

CONSTELLATION : _____

MAGNITUDE : _____

TELESCOPE : _____

MAGNIFICATION : _____

FILTER : _____

EP : _____

APERTURE : _____

FOV : _____

NOTES : _____

_____

_____

_____

_____

_____

FINDER

OBSERVER(S) : _____   LOCATION : _____

DATE : _____   LUNAR PHASE : _____

TIME : _____   SKY CONDITIONS : _____

LONGITUDE : _____   SEEING : _____

LATITUDE : _____   TRANSPARENCY : _____

OBJECT : _____

TYPE : _____

CONSTELLATION : _____

MAGNITUDE : _____

TELESCOPE : _____

MAGNIFICATION : _____

FILTER : _____

EP : _____

APERTURE : _____

FOV : _____

NOTES : _____

_____

_____

_____

_____

_____

OBSERVER(S) : _____ LOCATION : _____

DATE : _____ LUNAR PHASE : _____

TIME : _____ SKY CONDITIONS : _____

LONGITUDE : _____ SEEING : _____

LATITUDE : _____ TRANSPARENCY : _____

OBJECT : _____ FINDER

TYPE : _____

CONSTELLATION : _____

MAGNITUDE : _____

TELESCOPE : _____

MAGNIFICATION : _____

FILTER : _____

EP : _____

APERTURE : _____

FOV : _____

NOTES : _____

_____

_____

_____

_____

_____

OBSERVER(S) : _____ **LOCATION :** _____

DATE : _____ **LUNAR PHASE :** _____

TIME : _____ **SKY CONDITIONS :** _____

LONGITUDE : _____ **SEEING :** _____

LATITUDE : _____ **TRANSPARENCY :** _____

OBJECT : _____

TYPE : _____

CONSTELLATION : _____

MAGNITUDE : _____

TELESCOPE : _____

MAGNIFICATION : _____

FILTER : _____

EP : _____

APERTURE : _____

FOV : _____

NOTES : _____

_____

_____

_____

_____

_____

OBSERVER(S) : _____   LOCATION : _____

DATE : _____   LUNAR PHASE : _____

TIME : _____   SKY CONDITIONS : _____

LONGITUDE : _____   SEEING : _____

LATITUDE : _____   TRANSPARENCY : _____

OBJECT : _____

TYPE : _____

CONSTELLATION : _____

MAGNITUDE : _____

TELESCOPE : _____

MAGNIFICATION : _____

FILTER : _____

EP : _____

APERTURE : _____

FOV : _____

NOTES : _____

_____

_____

_____

_____

_____

FINDER

OBSERVER(S) : _____

DATE : _____

TIME : _____

LONGITUDE : _____

LATITUDE : _____

LOCATION : _____

LUNAR PHASE : _____

SKY CONDITIONS : _____

SEEING : _____

TRANSPARENCY : _____

OBJECT : _____

TYPE : _____

CONSTELLATION : _____

MAGNITUDE : _____

TELESCOPE : _____

MAGNIFICATION : _____

FILTER : _____

EP : _____

APERTURE : _____

FOV : _____

NOTES : _____

_____

_____

_____

_____

_____

OBSERVER(S) : _____   LOCATION : _____

DATE : _____   LUNAR PHASE : _____

TIME : _____   SKY CONDITIONS : _____

LONGITUDE : _____   SEEING : _____

LATITUDE : _____   TRANSPARENCY : _____

OBJECT : _____

TYPE : _____

CONSTELLATION : _____

MAGNITUDE : _____

TELESCOPE : _____

MAGNIFICATION : _____

FILTER : _____

EP : _____

APERTURE : _____

FOV : _____

NOTES : _____

_____

_____

_____

_____

_____

FINDER

OBSERVER(S) : _____   LOCATION : _____

DATE : _____   LUNAR PHASE : _____

TIME : _____   SKY CONDITIONS : _____

LONGITUDE : _____   SEEING : _____

LATITUDE : _____   TRANSPARENCY : _____

OBJECT : _____   FINDER

TYPE : _____

CONSTELLATION : _____

MAGNITUDE : _____

TELESCOPE : _____

MAGNIFICATION : _____

FILTER : _____

EP : _____

APERTURE : _____

FOV : _____

NOTES : _____

_____

_____

_____

_____

OBSERVER(S) : _____

DATE : _____

TIME : _____

LONGITUDE : _____

LATITUDE : _____

LOCATION : _____

LUNAR PHASE : _____

SKY CONDITIONS : _____

SEEING : _____

TRANSPARENCY : _____

OBJECT : _____

TYPE : _____

CONSTELLATION : _____

MAGNITUDE : _____

TELESCOPE : _____

MAGNIFICATION : _____

FILTER : _____

EP : _____

APERTURE : _____

FOV : _____

NOTES : _____

_____

_____

_____

_____

_____

FINDER

OBSERVER(S) : _____   LOCATION : _____

DATE : _____   LUNAR PHASE : _____

TIME : _____   SKY CONDITIONS : _____

LONGITUDE : _____   SEEING : _____

LATITUDE : _____   TRANSPARENCY : _____

OBJECT : _____

TYPE : _____

CONSTELLATION : _____

MAGNITUDE : _____

TELESCOPE : _____

MAGNIFICATION : _____

FILTER : _____

EP : _____

APERTURE : _____

FOV : _____

NOTES : _____

_____

_____

_____

_____

_____

OBSERVER(S) : _____   LOCATION : _____

DATE : _____   LUNAR PHASE : _____

TIME : _____   SKY CONDITIONS : _____

LONGITUDE : _____   SEEING : _____

LATITUDE : _____   TRANSPARENCY : _____

OBJECT : _____

TYPE : _____

CONSTELLATION : _____

MAGNITUDE : _____

TELESCOPE : _____

MAGNIFICATION : _____

FILTER : _____

EP : _____

APERTURE : _____

FOV : _____

NOTES : _____

_____

_____

_____

_____

_____

FINDER

OBSERVER(S) : _____   LOCATION : _____

DATE : _____   LUNAR PHASE : _____

TIME : _____   SKY CONDITIONS : _____

LONGITUDE : _____   SEEING : _____

LATITUDE : _____   TRANSPARENCY : _____

OBJECT : _____   FINDER

TYPE : _____

CONSTELLATION : _____

MAGNITUDE : _____

TELESCOPE : _____

MAGNIFICATION : _____

FILTER : _____

EP : _____

APERTURE : _____

FOV : _____

NOTES : _____

_____

_____

_____

_____

_____

OBSERVER(S) : _____   LOCATION : _____

DATE : _____   LUNAR PHASE : _____

TIME : _____   SKY CONDITIONS : _____

LONGITUDE : _____   SEEING : _____

LATITUDE : _____   TRANSPARENCY : _____

OBJECT : _____   FINDER

TYPE : _____

CONSTELLATION : _____

MAGNITUDE : _____

TELESCOPE : _____

MAGNIFICATION : _____

FILTER : _____

EP : _____

APERTURE : _____

FOV : _____

NOTES : _____

_____

_____

_____

_____

_____

OBSERVER(S) : _____

DATE : _____

TIME : _____

LONGITUDE : _____

LATITUDE : _____

LOCATION : _____

LUNAR PHASE : _____

SKY CONDITIONS : _____

SEEING : _____

TRANSPARENCY : _____

OBJECT : _____

TYPE : _____

CONSTELLATION : _____

MAGNITUDE : _____

TELESCOPE : _____

MAGNIFICATION : _____

FILTER : _____

EP : _____

APERTURE : _____

FOV : _____

NOTES : _____

_____

_____

_____

_____

_____

OBSERVER(S) : _____

DATE : _____

TIME : _____

LONGITUDE : _____

LATITUDE : _____

LOCATION : _____

LUNAR PHASE : _____

SKY CONDITIONS : _____

SEEING : _____

TRANSPARENCY : _____

OBJECT : _____

TYPE : _____

CONSTELLATION : _____

MAGNITUDE : _____

TELESCOPE : _____

MAGNIFICATION : _____

FILTER : _____

EP : _____

APERTURE : _____

FOV : _____

NOTES : _____

_____

_____

_____

_____

_____

FINDER

OBSERVER(S) : _____

DATE : _____

TIME : _____

LONGITUDE : _____

LATITUDE : _____

LOCATION : _____

LUNAR PHASE : _____

SKY CONDITIONS : _____

SEEING : _____

TRANSPARENCY : _____

OBJECT : _____

TYPE : _____

CONSTELLATION : _____

MAGNITUDE : _____

TELESCOPE : _____

MAGNIFICATION : _____

FILTER : _____

EP : _____

APERTURE : _____

FOV : _____

NOTES : _____

_____

_____

_____

_____

_____

OBSERVER(S) : _____   LOCATION : _____

DATE : _____   LUNAR PHASE : _____

TIME : _____   SKY CONDITIONS : _____

LONGITUDE : _____   SEEING : _____

LATITUDE : _____   TRANSPARENCY : _____

OBJECT : _____

TYPE : _____

CONSTELLATION : _____

MAGNITUDE : _____

TELESCOPE : _____

MAGNIFICATION : _____

FILTER : _____

EP : _____

APERTURE : _____

FOV : _____

NOTES : _____

_____

_____

_____

_____

_____

FINDER

OBSERVER(S) : _____

DATE : _____

TIME : _____

LONGITUDE : _____

LATITUDE : _____

LOCATION : _____

LUNAR PHASE : _____

SKY CONDITIONS : _____

SEEING : _____

TRANSPARENCY : _____

OBJECT : _____

TYPE : _____

CONSTELLATION : _____

MAGNITUDE : _____

TELESCOPE : _____

MAGNIFICATION : _____

FILTER : _____

EP : _____

APERTURE : _____

FOV : _____

NOTES : _____

_____

_____

_____

_____

_____

OBSERVER(S) : _____

DATE : _____

TIME : _____

LONGITUDE : _____

LATITUDE : _____

LOCATION : _____

LUNAR PHASE : _____

SKY CONDITIONS : _____

SEEING : _____

TRANSPARENCY : _____

OBJECT : _____

TYPE : _____

CONSTELLATION : _____

MAGNITUDE : _____

TELESCOPE : _____

MAGNIFICATION : _____

FILTER : _____

EP : _____

APERTURE : _____

FOV : _____

NOTES : _____

_____

_____

_____

_____

_____

FINDER

OBSERVER(S) : _____ LOCATION : _____

DATE : _____ LUNAR PHASE : _____

TIME : _____ SKY CONDITIONS : _____

LONGITUDE : _____ SEEING : _____

LATITUDE : _____ TRANSPARENCY : _____

OBJECT : _____

TYPE : _____

CONSTELLATION : _____

MAGNITUDE : _____

TELESCOPE : _____

MAGNIFICATION : _____

FILTER : _____

EP : _____

APERTURE : _____

FOV : _____

NOTES : _____

_____

_____

_____

_____

_____

OBSERVER(S) : _____

DATE : _____

TIME : _____

LONGITUDE : _____

LATITUDE : _____

LOCATION : _____

LUNAR PHASE : _____

SKY CONDITIONS : _____

SEEING : _____

TRANSPARENCY : _____

OBJECT : _____

TYPE : _____

CONSTELLATION : _____

MAGNITUDE : _____

TELESCOPE : _____

MAGNIFICATION : _____

FILTER : _____

EP : _____

APERTURE : _____

FOV : _____

NOTES : _____

_____

_____

_____

_____

_____

FINDER

OBSERVER(S) : _____

DATE : _____

TIME : _____

LONGITUDE : _____

LATITUDE : _____

LOCATION : _____

LUNAR PHASE : _____

SKY CONDITIONS : _____

SEEING : _____

TRANSPARENCY : _____

OBJECT : _____

TYPE : _____

CONSTELLATION : _____

MAGNITUDE : _____

TELESCOPE : _____

MAGNIFICATION : _____

FILTER : _____

EP : _____

APERTURE : _____

FOV : _____

NOTES : _____

_____

_____

_____

_____

_____

OBSERVER(S) : _____

DATE : _____

TIME : _____

LONGITUDE : _____

LATITUDE : _____

LOCATION : _____

LUNAR PHASE : _____

SKY CONDITIONS : _____

SEEING : _____

TRANSPARENCY : _____

OBJECT : _____

TYPE : _____

CONSTELLATION : _____

MAGNITUDE : _____

TELESCOPE : _____

MAGNIFICATION : _____

FILTER : _____

EP : _____

APERTURE : _____

FOV : _____

NOTES : _____

_____

_____

_____

_____

_____

FINDER

OBSERVER(S) : _____   LOCATION : _____

DATE : _____   LUNAR PHASE : _____

TIME : _____   SKY CONDITIONS : _____

LONGITUDE : _____   SEEING : _____

LATITUDE : _____   TRANSPARENCY : _____

OBJECT : _____

TYPE : _____

CONSTELLATION : _____

MAGNITUDE : _____

TELESCOPE : _____

MAGNIFICATION : _____

FILTER : _____

EP : _____

APERTURE : _____

FOV : _____

NOTES : _____

_____

_____

_____

_____

OBSERVER(S) : _____   LOCATION : _____

DATE : _____   LUNAR PHASE : _____

TIME : _____   SKY CONDITIONS : _____

LONGITUDE : _____   SEEING : _____

LATITUDE : _____   TRANSPARENCY : _____

OBJECT : _____

TYPE : _____

CONSTELLATION : _____

MAGNITUDE : _____

TELESCOPE : _____

MAGNIFICATION : _____

FILTER : _____

EP : _____

APERTURE : _____

FOV : _____

NOTES : _____

_____

_____

_____

_____

_____

FINDER

OBSERVER(S) : _____   LOCATION : _____

DATE : _____   LUNAR PHASE : _____

TIME : _____   SKY CONDITIONS : _____

LONGITUDE : _____   SEEING : _____

LATITUDE : _____   TRANSPARENCY : _____

OBJECT : _____

TYPE : _____

CONSTELLATION : _____

MAGNITUDE : _____

TELESCOPE : _____

MAGNIFICATION : _____

FILTER : _____

EP : _____

APERTURE : _____

FOV : _____

NOTES : _____

_____

_____

_____

_____

_____

OBSERVER(S) : _____

LOCATION : _____

DATE : _____

LUNAR PHASE : _____

TIME : _____

SKY CONDITIONS : _____

LONGITUDE : _____

SEEING : _____

LATITUDE : _____

TRANSPARENCY : _____

OBJECT : _____

FINDER

TYPE : _____

CONSTELLATION : _____

MAGNITUDE : _____

TELESCOPE : _____

MAGNIFICATION : _____

FILTER : _____

EP : _____

APERTURE : _____

FOV : _____

NOTES : _____

_____

_____

_____

_____

_____

OBSERVER(S) : _____

DATE : _____

TIME : _____

LONGITUDE : _____

LATITUDE : _____

LOCATION : _____

LUNAR PHASE : _____

SKY CONDITIONS : _____

SEEING : _____

TRANSPARENCY : _____

OBJECT : _____

TYPE : _____

CONSTELLATION : _____

MAGNITUDE : _____

TELESCOPE : _____

MAGNIFICATION : _____

FILTER : _____

EP : _____

APERTURE : _____

FOV : _____

NOTES : _____

_____

_____

_____

_____

_____

FINDER

OBSERVER(S) : _____

DATE : _____

TIME : _____

LONGITUDE : _____

LATITUDE : _____

LOCATION : _____

LUNAR PHASE : _____

SKY CONDITIONS : _____

SEEING : _____

TRANSPARENCY : _____

OBJECT : _____

TYPE : _____

CONSTELLATION : _____

MAGNITUDE : _____

TELESCOPE : _____

MAGNIFICATION : _____

FILTER : _____

EP : _____

APERTURE : _____

FOV : _____

NOTES : _____

_____

_____

FINDER

_____

_____

_____

OBSERVER(S) : _____   LOCATION : _____

DATE : _____   LUNAR PHASE : _____

TIME : _____   SKY CONDITIONS : _____

LONGITUDE : _____   SEEING : _____

LATITUDE : _____   TRANSPARENCY : _____

OBJECT : _____

TYPE : _____

CONSTELLATION : _____

MAGNITUDE : _____

TELESCOPE : _____

MAGNIFICATION : _____

FILTER : _____

EP : _____

APERTURE : _____

FOV : _____

NOTES : _____

_____

_____

_____

_____

_____

FINDER

OBSERVER(S) : _____   LOCATION : _____

DATE : _____   LUNAR PHASE : _____

TIME : _____   SKY CONDITIONS : _____

LONGITUDE : _____   SEEING : _____

LATITUDE : _____   TRANSPARENCY : _____

OBJECT : _____

TYPE : _____

CONSTELLATION : _____

MAGNITUDE : _____

TELESCOPE : _____

MAGNIFICATION : _____

FILTER : _____

EP : _____

APERTURE : _____

FOV : _____

NOTES : _____

_____

_____

_____

_____

_____

OBSERVER(S) : _____

DATE : _____

TIME : _____

LONGITUDE : _____

LATITUDE : _____

LOCATION : _____

LUNAR PHASE : _____

SKY CONDITIONS : _____

SEEING : _____

TRANSPARENCY : _____

OBJECT : _____

TYPE : _____

CONSTELLATION : _____

MAGNITUDE : _____

TELESCOPE : _____

MAGNIFICATION : _____

FILTER : _____

EP : _____

APERTURE : _____

FOV : _____

NOTES : _____

_____

_____

_____

_____

_____

FINDER

OBSERVER(S) : _____   LOCATION : _____

DATE : _____   LUNAR PHASE : _____

TIME : _____   SKY CONDITIONS : _____

LONGITUDE : _____   SEEING : _____

LATITUDE : _____   TRANSPARENCY : _____

OBJECT : _____

TYPE : _____

CONSTELLATION : _____

FINDER

MAGNITUDE : _____

TELESCOPE : _____

MAGNIFICATION : _____

FILTER : _____

EP : _____

APERTURE : _____

FOV : _____

NOTES : _____

_____

_____

_____

_____

_____

OBSERVER(S) : _____   LOCATION : _____

DATE : _____   LUNAR PHASE : _____

TIME : _____   SKY CONDITIONS : _____

LONGITUDE : _____   SEEING : _____

LATITUDE : _____   TRANSPARENCY : _____

OBJECT : _____

TYPE : _____

CONSTELLATION : _____

MAGNITUDE : _____

TELESCOPE : _____

MAGNIFICATION : _____

FILTER : _____

EP : _____

APERTURE : _____

FOV : _____

NOTES : _____

_____

_____

_____

_____

_____

FINDER

OBJECT : _____

TYPE : _____

CONSTELLATION : _____

MAGNITUDE : _____

TELESCOPE : _____

MAGNIFICATION : _____

FILTER : _____

EP : _____

APERTURE : _____

FOV : _____

NOTES : _____

_____

_____

_____

_____

_____

FINDER

OBSERVER(S) : _____

DATE : _____

TIME : _____

LONGITUDE : _____

LATITUDE : _____

LOCATION : _____

LUNAR PHASE : _____

SKY CONDITIONS : _____

SEEING : _____

TRANSPARENCY : _____

OBJECT : _____

TYPE : _____

CONSTELLATION : _____

MAGNITUDE : _____

TELESCOPE : _____

MAGNIFICATION : _____

FILTER : _____

EP : _____

APERTURE : _____

FOV : _____

NOTES : _____

_____

_____

FINDER

_____

_____

_____

OBSERVER(S) : _____

DATE : _____

TIME : _____

LONGITUDE : _____

LATITUDE : _____

LOCATION : _____

LUNAR PHASE : _____

SKY CONDITIONS : _____

SEEING : _____

TRANSPARENCY : _____

OBJECT : _____

TYPE : _____

CONSTELLATION : _____

MAGNITUDE : _____

TELESCOPE : _____

MAGNIFICATION : _____

FILTER : _____

EP : _____

APERTURE : _____

FOV : _____

NOTES : _____

_____

_____

_____

_____

_____

OBSERVER(S) : _____   LOCATION : _____

DATE : _____   LUNAR PHASE : _____

TIME : _____   SKY CONDITIONS : _____

LONGITUDE : _____   SEEING : _____

LATITUDE : _____   TRANSPARENCY : _____

OBJECT : _____

TYPE : _____

CONSTELLATION : _____

MAGNITUDE : _____

TELESCOPE : _____

MAGNIFICATION : _____

FILTER : _____

EP : _____

APERTURE : _____

FOV : _____

NOTES : _____

_____

_____

_____

_____

_____

FINDER

OBSERVER(S) : _____

DATE : _____

TIME : _____

LONGITUDE : _____

LATITUDE : _____

LOCATION : _____

LUNAR PHASE : _____

SKY CONDITIONS : _____

SEEING : _____

TRANSPARENCY : _____

OBJECT : _____

TYPE : _____

CONSTELLATION : _____

MAGNITUDE : _____

TELESCOPE : _____

MAGNIFICATION : _____

FILTER : _____

EP : _____

APERTURE : _____

FOV : _____

NOTES : _____

_____

_____

_____

_____

_____

FINDER

OBSERVER(S) : _____   LOCATION : _____

DATE : _____   LUNAR PHASE : _____

TIME : _____   SKY CONDITIONS : _____

LONGITUDE : _____   SEEING : _____

LATITUDE : _____   TRANSPARENCY : _____

OBJECT : _____

TYPE : _____

CONSTELLATION : _____

MAGNITUDE : _____

TELESCOPE : _____

MAGNIFICATION : _____

FILTER : _____

EP : _____

APERTURE : _____

FOV : _____

NOTES : _____

_____

_____

FINDER

_____

_____

_____

OBSERVER(S) : _____

DATE : _____

TIME : _____

LONGITUDE : _____

LATITUDE : _____

LOCATION : _____

LUNAR PHASE : _____

SKY CONDITIONS : _____

SEEING : _____

TRANSPARENCY : _____

OBJECT : _____

TYPE : _____

CONSTELLATION : _____

MAGNITUDE : _____

TELESCOPE : _____

MAGNIFICATION : _____

FILTER : _____

EP : _____

APERTURE : _____

FOV : _____

NOTES : _____

_____

_____

_____

_____

_____

FINDER

OBSERVER(S) : _____

DATE : _____

TIME : _____

LONGITUDE : _____

LATITUDE : _____

LOCATION : _____

LUNAR PHASE : _____

SKY CONDITIONS : _____

SEEING : _____

TRANSPARENCY : _____

OBJECT : _____

TYPE : _____

CONSTELLATION : _____

MAGNITUDE : _____

TELESCOPE : _____

MAGNIFICATION : _____

FILTER : _____

EP : _____

APERTURE : _____

FOV : _____

NOTES : _____

_____

_____

_____

_____

_____

FINDER

OBSERVER(S) : _____

DATE : _____

TIME : _____

LONGITUDE : _____

LATITUDE : _____

LOCATION : _____

LUNAR PHASE : _____

SKY CONDITIONS : _____

SEEING : _____

TRANSPARENCY : _____

OBJECT : _____

TYPE : _____

CONSTELLATION : _____

MAGNITUDE : _____

TELESCOPE : _____

MAGNIFICATION : _____

FILTER : _____

EP : _____

APERTURE : _____

FOV : _____

NOTES : _____

_____

_____

_____

_____

_____

FINDER

OBSERVER(S) : _____

DATE : _____

TIME : _____

LONGITUDE : _____

LATITUDE : _____

LOCATION : _____

LUNAR PHASE : _____

SKY CONDITIONS : _____

SEEING : _____

TRANSPARENCY : _____

OBJECT : _____

TYPE : _____

CONSTELLATION : _____

MAGNITUDE : _____

TELESCOPE : _____

MAGNIFICATION : _____

FILTER : _____

EP : _____

APERTURE : _____

FOV : _____

NOTES : _____

_____

_____

_____

_____

_____

FINDER

OBSERVER(S) : _____   LOCATION : _____

DATE : _____   LUNAR PHASE : _____

TIME : _____   SKY CONDITIONS : _____

LONGITUDE : _____   SEEING : _____

LATITUDE : _____   TRANSPARENCY : _____

OBJECT : _____

TYPE : _____

CONSTELLATION : _____

MAGNITUDE : _____

TELESCOPE : _____

MAGNIFICATION : _____

FILTER : _____

EP : _____

APERTURE : _____

FOV : _____

NOTES : _____

_____

_____

_____

_____

_____

OBSERVER(S) : _____

DATE : _____

TIME : _____

LONGITUDE : _____

LATITUDE : _____

LOCATION : _____

LUNAR PHASE : _____

SKY CONDITIONS : _____

SEEING : _____

TRANSPARENCY : _____

OBJECT : _____

TYPE : _____

CONSTELLATION : _____

MAGNITUDE : _____

TELESCOPE : _____

MAGNIFICATION : _____

FILTER : _____

EP : _____

APERTURE : _____

FOV : _____

NOTES : _____

_____

_____

_____

_____

_____

FINDER

OBSERVER(S) : _____   LOCATION : _____

DATE : _____   LUNAR PHASE : _____

TIME : _____   SKY CONDITIONS : _____

LONGITUDE : _____   SEEING : _____

LATITUDE : _____   TRANSPARENCY : _____

OBJECT : _____   FINDER

TYPE : _____

CONSTELLATION : _____

MAGNITUDE : _____

TELESCOPE : _____

MAGNIFICATION : _____

FILTER : _____

EP : _____

APERTURE : _____

FOV : _____

NOTES : _____

_____

_____

_____

_____

_____

OBSERVER(S) : _____   LOCATION : _____

DATE : _____   LUNAR PHASE : _____

TIME : _____   SKY CONDITIONS : _____

LONGITUDE : _____   SEEING : _____

LATITUDE : _____   TRANSPARENCY : _____

OBJECT : _____

TYPE : _____

CONSTELLATION : _____

MAGNITUDE : _____

TELESCOPE : _____

MAGNIFICATION : _____

FILTER : _____

EP : _____

APERTURE : _____

FOV : _____

NOTES : _____

_____

_____

_____

_____

_____

FINDER

OBSERVER(S) : _____

DATE : _____

TIME : _____

LONGITUDE : _____

LATITUDE : _____

LOCATION : _____

LUNAR PHASE : _____

SKY CONDITIONS : _____

SEEING : _____

TRANSPARENCY : _____

OBJECT : _____

TYPE : _____

CONSTELLATION : _____

MAGNITUDE : _____

TELESCOPE : _____

MAGNIFICATION : _____

FILTER : _____

EP : _____

APERTURE : _____

FOV : _____

NOTES : _____

_____

_____

_____

_____

_____

FINDER

OBSERVER(S) : _____   LOCATION : _____

DATE : _____   LUNAR PHASE : _____

TIME : _____   SKY CONDITIONS : _____

LONGITUDE : _____   SEEING : _____

LATITUDE : _____   TRANSPARENCY : _____

OBJECT : _____

TYPE : _____

CONSTELLATION : _____

MAGNITUDE : _____

TELESCOPE : _____

MAGNIFICATION : _____

FILTER : _____

EP : _____

APERTURE : _____

FOV : _____

NOTES : _____

_____

_____

_____

_____

_____

FINDER

OBSERVER(S) : _____

DATE : _____

TIME : _____

LONGITUDE : _____

LATITUDE : _____

LOCATION : _____

LUNAR PHASE : _____

SKY CONDITIONS : _____

SEEING : _____

TRANSPARENCY : _____

OBJECT : _____

TYPE : _____

CONSTELLATION : _____

MAGNITUDE : _____

TELESCOPE : _____

MAGNIFICATION : _____

FILTER : _____

EP : _____

APERTURE : _____

FOV : _____

NOTES : _____

_____

_____

_____

_____

_____

FINDER

OBSERVER(S) : _____

DATE : _____

TIME : _____

LONGITUDE : _____

LATITUDE : _____

LOCATION : _____

LUNAR PHASE : _____

SKY CONDITIONS : _____

SEEING : _____

TRANSPARENCY : _____

OBJECT : _____

TYPE : _____

CONSTELLATION : _____

MAGNITUDE : _____

TELESCOPE : _____

MAGNIFICATION : _____

FILTER : _____

EP : _____

APERTURE : _____

FOV : _____

NOTES : _____

_____

_____

_____

_____

_____

FINDER

OBSERVER(S) : _____   LOCATION : _____

DATE : _____   LUNAR PHASE : _____

TIME : _____   SKY CONDITIONS : _____

LONGITUDE : _____   SEEING : _____

LATITUDE : _____   TRANSPARENCY : _____

OBJECT : _____

TYPE : _____

CONSTELLATION : _____

MAGNITUDE : _____

TELESCOPE : _____

MAGNIFICATION : _____

FILTER : _____

EP : _____

APERTURE : _____

FOV : _____

NOTES : _____

_____

_____

_____

_____

_____

FINDER

OBSERVER(S) : _____

DATE : _____

TIME : _____

LONGITUDE : _____

LATITUDE : _____

LOCATION : _____

LUNAR PHASE : _____

SKY CONDITIONS : _____

SEEING : _____

TRANSPARENCY : _____

OBJECT : _____

TYPE : _____

CONSTELLATION : _____

MAGNITUDE : _____

TELESCOPE : _____

MAGNIFICATION : _____

FILTER : _____

EP : _____

APERTURE : _____

FOV : _____

NOTES : _____

_____

_____

_____

_____

_____

FINDER

OBSERVER(S) : _____   LOCATION : _____

DATE : _____   LUNAR PHASE : _____

TIME : _____   SKY CONDITIONS : _____

LONGITUDE : _____   SEEING : _____

LATITUDE : _____   TRANSPARENCY : _____

OBJECT : _____

TYPE : _____

CONSTELLATION : _____

FINDER

MAGNITUDE : _____

TELESCOPE : _____

MAGNIFICATION : _____

FILTER : _____

EP : _____

APERTURE : _____

FOV : _____

NOTES : _____

_____

_____

_____

_____

_____

OBSERVER(S) : _____   LOCATION : _____

DATE : _____   LUNAR PHASE : _____

TIME : _____   SKY CONDITIONS : _____

LONGITUDE : _____   SEEING : _____

LATITUDE : _____   TRANSPARENCY : _____

OBJECT : _____   FINDER

TYPE : _____

CONSTELLATION : _____

MAGNITUDE : _____

TELESCOPE : _____

MAGNIFICATION : _____

FILTER : _____

EP : _____

APERTURE : _____

FOV : _____

NOTES : _____

_____

_____

_____

_____

_____

OBSERVER(S) : _____

DATE : _____

TIME : _____

LONGITUDE : _____

LATITUDE : _____

LOCATION : _____

LUNAR PHASE : _____

SKY CONDITIONS : _____

SEEING : _____

TRANSPARENCY : _____

OBJECT : _____

TYPE : _____

CONSTELLATION : _____

MAGNITUDE : _____

TELESCOPE : _____

MAGNIFICATION : _____

FILTER : _____

EP : _____

APERTURE : _____

FOV : _____

NOTES : _____

_____

_____

_____

_____

_____

FINDER

OBSERVER(S) : _____   LOCATION : _____

DATE : _____   LUNAR PHASE : _____

TIME : _____   SKY CONDITIONS : _____

LONGITUDE : _____   SEEING : _____

LATITUDE : _____   TRANSPARENCY : _____

OBJECT : _____   FINDER

TYPE : _____

CONSTELLATION : _____

MAGNITUDE : _____

TELESCOPE : _____

MAGNIFICATION : _____

FILTER : _____

EP : _____

APERTURE : _____

FOV : _____

NOTES : _____

_____

_____

_____

_____

_____

OBSERVER(S) : _____

DATE : _____

TIME : _____

LONGITUDE : _____

LATITUDE : _____

LOCATION : _____

LUNAR PHASE : _____

SKY CONDITIONS : _____

SEEING : _____

TRANSPARENCY : _____

OBJECT : _____

TYPE : _____

CONSTELLATION : _____

MAGNITUDE : _____

TELESCOPE : _____

MAGNIFICATION : _____

FILTER : _____

EP : _____

APERTURE : _____

FOV : _____

NOTES : _____

_____

_____

_____

_____

_____

FINDER

OBSERVER(S) : _____

DATE : _____

TIME : _____

LONGITUDE : _____

LATITUDE : _____

LOCATION : _____

LUNAR PHASE : _____

SKY CONDITIONS : _____

SEEING : _____

TRANSPARENCY : _____

OBJECT : _____

TYPE : _____

CONSTELLATION : _____

MAGNITUDE : _____

TELESCOPE : _____

MAGNIFICATION : _____

FILTER : _____

EP : _____

APERTURE : _____

FOV : _____

NOTES : _____

_____

_____

_____

_____

_____

FINDER

OBSERVER(S) : _____ LOCATION : _____

DATE : _____ LUNAR PHASE : _____

TIME : _____ SKY CONDITIONS : _____

LONGITUDE : _____ SEEING : _____

LATITUDE : _____ TRANSPARENCY : _____

OBJECT : _____

TYPE : _____ FINDER

CONSTELLATION : _____

MAGNITUDE : _____

TELESCOPE : _____

MAGNIFICATION : _____

FILTER : _____

EP : _____

APERTURE : _____

FOV : _____

NOTES : _____

_____

_____

_____

_____

_____

OBSERVER(S) : _____

DATE : _____

TIME : _____

LONGITUDE : _____

LATITUDE : _____

LOCATION : _____

LUNAR PHASE : _____

SKY CONDITIONS : _____

SEEING : _____

TRANSPARENCY : _____

OBJECT : _____

TYPE : _____

CONSTELLATION : _____

MAGNITUDE : _____

TELESCOPE : _____

MAGNIFICATION : _____

FILTER : _____

EP : _____

APERTURE : _____

FOV : _____

NOTES : _____

_____

_____

_____

_____

_____

FINDER

OBSERVER(S) : _____

DATE : _____

TIME : _____

LONGITUDE : _____

LATITUDE : _____

LOCATION : _____

LUNAR PHASE : _____

SKY CONDITIONS : _____

SEEING : _____

TRANSPARENCY : _____

OBJECT : _____

TYPE : _____

CONSTELLATION : _____

MAGNITUDE : _____

TELESCOPE : _____

MAGNIFICATION : _____

FILTER : _____

EP : _____

APERTURE : _____

FOV : _____

NOTES : _____

_____

_____

_____

_____

_____

FINDER

OBSERVER(S) : _____

DATE : _____

TIME : _____

LONGITUDE : _____

LATITUDE : _____

LOCATION : _____

LUNAR PHASE : _____

SKY CONDITIONS : _____

SEEING : _____

TRANSPARENCY : _____

OBJECT : _____

TYPE : _____

CONSTELLATION : _____

MAGNITUDE : _____

TELESCOPE : _____

MAGNIFICATION : _____

FILTER : _____

EP : _____

APERTURE : _____

FOV : _____

NOTES : _____

_____

_____

_____

_____

_____

FINDER

OBSERVER(S) : _____

DATE : _____

TIME : _____

LONGITUDE : _____

LATITUDE : _____

LOCATION : _____

LUNAR PHASE : _____

SKY CONDITIONS : _____

SEEING : _____

TRANSPARENCY : _____

OBJECT : _____

TYPE : _____

CONSTELLATION : _____

MAGNITUDE : _____

TELESCOPE : _____

MAGNIFICATION : _____

FILTER : _____

EP : _____

APERTURE : _____

FOV : _____

NOTES : _____

_____

_____

_____

_____

_____

FINDER

OBSERVER(S) : _____   LOCATION : _____

DATE : _____   LUNAR PHASE : _____

TIME : _____   SKY CONDITIONS : _____

LONGITUDE : _____   SEEING : _____

LATITUDE : _____   TRANSPARENCY : _____

OBJECT : _____

TYPE : _____

CONSTELLATION : _____

MAGNITUDE : _____

TELESCOPE : _____

MAGNIFICATION : _____

FILTER : _____

EP : _____

APERTURE : _____

FOV : _____

NOTES : _____

_____

_____

_____

_____

_____

FINDER

OBSERVER(S) : _____   LOCATION : _____

DATE : _____   LUNAR PHASE : _____

TIME : _____   SKY CONDITIONS : _____

LONGITUDE : _____   SEEING : _____

LATITUDE : _____   TRANSPARENCY : _____

OBJECT : _____

TYPE : _____

CONSTELLATION : _____

MAGNITUDE : _____

TELESCOPE : _____

MAGNIFICATION : _____

FILTER : _____

EP : _____

APERTURE : _____

FOV : _____

NOTES : _____

_____

_____

_____

_____

_____

OBSERVER(S) : _____

DATE : _____

TIME : _____

LONGITUDE : _____

LATITUDE : _____

LOCATION : _____

LUNAR PHASE : _____

SKY CONDITIONS : _____

SEEING : _____

TRANSPARENCY : _____

OBJECT : _____

TYPE : _____

CONSTELLATION : _____

MAGNITUDE : _____

TELESCOPE : _____

MAGNIFICATION : _____

FILTER : _____

EP : _____

APERTURE : _____

FOV : _____

NOTES : _____

_____

_____

FINDER

_____

_____

_____

OBSERVER(S) : _____   LOCATION : _____

DATE : _____   LUNAR PHASE : _____

TIME : _____   SKY CONDITIONS : _____

LONGITUDE : _____   SEEING : _____

LATITUDE : _____   TRANSPARENCY : _____

OBJECT : _____   FINDER

TYPE : _____

CONSTELLATION : _____

MAGNITUDE : _____

TELESCOPE : _____

MAGNIFICATION : _____

FILTER : _____

EP : _____

APERTURE : _____

FOV : _____

NOTES : _____

_____

_____

_____

_____

_____

OBSERVER(S) : _____

DATE : _____

TIME : _____

LONGITUDE : _____

LATITUDE : _____

LOCATION : _____

LUNAR PHASE : _____

SKY CONDITIONS : _____

SEEING : _____

TRANSPARENCY : _____

OBJECT : _____

TYPE : _____

CONSTELLATION : _____

MAGNITUDE : _____

TELESCOPE : _____

MAGNIFICATION : _____

FILTER : _____

EP : _____

APERTURE : _____

FOV : _____

NOTES : _____

_____

_____

_____

_____

_____

FINDER

OBSERVER(S) : _____

DATE : _____

TIME : _____

LONGITUDE : _____

LATITUDE : _____

LOCATION : _____

LUNAR PHASE : _____

SKY CONDITIONS : _____

SEEING : _____

TRANSPARENCY : _____

OBJECT : _____

TYPE : _____

CONSTELLATION : _____

MAGNITUDE : _____

TELESCOPE : _____

MAGNIFICATION : _____

FILTER : _____

EP : _____

APERTURE : _____

FOV : _____

NOTES : _____

_____

_____

_____

_____

_____

FINDER

OBSERVER(S) : _____

DATE : _____

TIME : _____

LONGITUDE : _____

LATITUDE : _____

LOCATION : _____

LUNAR PHASE : _____

SKY CONDITIONS : _____

SEEING : _____

TRANSPARENCY : _____

OBJECT : _____

TYPE : _____

CONSTELLATION : _____

MAGNITUDE : _____

TELESCOPE : _____

MAGNIFICATION : _____

FILTER : _____

EP : _____

APERTURE : _____

FOV : _____

NOTES : _____

_____

_____

_____

_____

_____

FINDER

OBSERVER(S) : _____   LOCATION : _____

DATE : _____   LUNAR PHASE : _____

TIME : _____   SKY CONDITIONS : _____

LONGITUDE : _____   SEEING : _____

LATITUDE : _____   TRANSPARENCY : _____

OBJECT : _____   FINDER

TYPE : _____

CONSTELLATION : _____

MAGNITUDE : _____

TELESCOPE : _____

MAGNIFICATION : _____

FILTER : _____

EP : _____

APERTURE : _____

FOV : _____

NOTES : _____

_____

_____

_____

_____

_____

OBSERVER(S) : _____   LOCATION : _____

DATE : _____   LUNAR PHASE : _____

TIME : _____   SKY CONDITIONS : _____

LONGITUDE : _____   SEEING : _____

LATITUDE : _____   TRANSPARENCY : _____

OBJECT : _____

TYPE : _____

CONSTELLATION : _____

MAGNITUDE : _____

TELESCOPE : _____

MAGNIFICATION : _____

FILTER : _____

EP : _____

APERTURE : _____

FOV : _____

NOTES : _____

_____

_____

_____

_____

_____

FINDER

OBSERVER(S) : _____ LOCATION : _____

DATE : _____ LUNAR PHASE : _____

TIME : _____ SKY CONDITIONS : _____

LONGITUDE : _____ SEEING : _____

LATITUDE : _____ TRANSPARENCY : _____

OBJECT : _____ FINDER

TYPE : _____

CONSTELLATION : _____

MAGNITUDE : _____

TELESCOPE : _____

MAGNIFICATION : _____

FILTER : _____

EP : _____

APERTURE : _____

FOV : _____

NOTES : _____

_____

_____

_____

_____

_____

OBSERVER(S) : _____

DATE : _____

TIME : _____

LONGITUDE : _____

LATITUDE : _____

LOCATION : _____

LUNAR PHASE : _____

SKY CONDITIONS : _____

SEEING : _____

TRANSPARENCY : _____

OBJECT : _____

TYPE : _____

CONSTELLATION : _____

MAGNITUDE : _____

TELESCOPE : _____

MAGNIFICATION : _____

FILTER : _____

EP : _____

APERTURE : _____

FOV : _____

NOTES : _____

_____

_____

_____

_____

_____

FINDER

PUBLISHED BY ATLANTIC JOURNALS, 11923 NE SUMNER ST, STE 769907
PORTLAND, OREGON, 97220, USA

See Our Full Range At

ATLANTICJOURNALS.COM

Made in the USA
Coppell, TX
29 February 2024

29585896R00057